BEI GRIN MACHT SICH IHR WISSEN BEZAHLT

- Wir veröffentlichen Ihre Hausarbeit,
  Bachelor- und Masterarbeit

- Ihr eigenes eBook und Buch -
  weltweit in allen wichtigen Shops

- Verdienen Sie an jedem Verkauf

Jetzt bei www.GRIN.com hochladen
und kostenlos publizieren

Bastian Naumann

Entwicklung und Instrumente der RO / RP und der Landschaftsplanung in den Bundesländern und auf kommunaler Ebene

GRIN Verlag

Bibliografische Information der Deutschen Nationalbibliothek:

Die Deutsche Bibliothek verzeichnet diese Publikation in der Deutschen National-
bibliografie; detaillierte bibliografische Daten sind im Internet über http://dnb.d-
nb.de/ abrufbar.

Impressum:

Copyright © 2006 GRIN Verlag GmbH
Druck und Bindung: Books on Demand GmbH, Norderstedt Germany
ISBN: 978-3-640-26865-8

Dieses Buch bei GRIN:

http://www.grin.com/de/e-book/122879/entwicklung-und-instrumente-der-ro-rp-
und-der-landschaftsplanung-in-den

Geographisches Institut der Christian-Albrechts-Universität zu Kiel

Hauptseminar: Umweltprobleme und ökologische Planung

Sommersemester 2006

15. Juni 2006

Entwicklung und Instrumente der RO / RP und der Landschaftsplanung in den Bundesländern und auf kommunaler Ebene

Gliederung

A)   Entwicklung und Instrumente der Raumordnung/ Raumplanung in den Bundesländern und auf kommunaler Ebene

Im Zuge der Globalisierung macht sich die Notwendigkeit der Raumordnung gerade in den kleineren, wirtschaftsschwächeren Regionen bemerkbar. Während man sich in den 1990er darüber stritt, ob das Zentrale- Orte- System nach Christaller seinen Sinn erfüllt oder nicht, ist man sich heute weitestgehend darüber einig, dass ein zentralörtliches System ein geeignetes Mittel ist, gerade ländliche Regionen zu stabilisieren und zu entwickeln. Hier gilt es z.B. die kleineren zentrumsnahen Einkaufsstandorte gegenüber den immer häufiger in der Peripherie angelegten Großmärkten zu stärken. Durch diese Abwanderung aus den Innenstadtbereichen in das Umland bestärken diese eine polyzentrische Siedlungsstruktur und wirken sich sehr zum Nachteil immobiler Bevölkerungsschichten aus. Zu dieser immobilen Bevölkerungsschicht gehören v.a. die älteren Menschen, die im Zuge des demographischen Wandels eine immer bedeutendere Rolle in der Gesellschaft einnehmen. Daher darf die wohnungsnahe Grundversorgung nicht zu einem Luxusgut verkommen. (Priebs 2005) Mobilität spielt in der Raumordnung nach wie vor eine übergeordnete Rolle, so ist es auch eine wichtige Aufgabe der Raumordnung, das immer stärker werdende Verkehrsaufkommen durch entsprechende Nahverkehrssysteme aufzufangen. Gerade in zersiedelten Gebieten ist es wichtig, ein umfassendes Nahverkehrssystem zu erhalten und zu erweitern, um die Mobilität vieler Bevölkerungsteile, und nicht zuletzt der Wirtschaft, zu gewährleisten. Neben einem Öffentlichen Nahverkehr und Einkaufsmöglichkeiten gehören auch naturbelassene Freiräume zu der Mindestausstattung eines Zentralen Ortes. Darum liegt ein Schwerpunkt der Raumordnung kompakt verdichteter Siedlungsräume in der Erschließung von innerstädtischen Freiflächen und Grünzügen, um die wohnnahe Erholungsmöglichkeit zu gewährleisten. Diese Aufgaben der Raumordnung und Raumplanung wird in den Kapiteln 1 und 2 näher betrachtet und soll einen Überblick darüber geben, was Raumordnung/ Raumplanung (RO/RP) eigentlich ist. Die Instrumente der RO/ RP sind in verschiedenen Gesetzestexten und Verordnungen festgehalten, die im Kapitel 3 kurz erläutert werden sollen. Anschließend wird die Geschichte der Raumordnung/ Raumplanung in Deutschland auf Länder- und kommunaler Ebene ausführlicher behandelt, bevor dann im Kapitel 5 die Umsetzung der Raumplanung anhand eines Beispiels veranschaulicht wird.

1.   Was ist Raumordnung?

Raumordnung ist nach dem Bundesverfassungsgericht als „zusammenfassende, übergeordnete Planung und Ordnung des Raumes" zu verstehen. (Langhagen- Rohrbach 2005) Sie dient dazu, den Raum so effektiv wie möglich zu nutzen, ohne dabei die ökologischen Funktionen des Raumes zu vernachlässigen.

In der Raumordnung laufen die gesellschaftlichen, wirtschaftlichen und ökologischen Ansprüche an den Raum zusammen und es gilt die Fachplanungen der jeweiligen Bereiche bestmöglich aufeinander abzustimmen, um den Raum ausgewogen zu entwickeln. Die Umsetzung dieser Aufgabe erfolgt mittels Landes- und Regionalplänen, die wiederum den Richtlinien des Bundes entsprechen müssen. Diese Richtlinien sind in dem 1965 verabschiedeten **Raumordnungsgesetz (ROG)** des Bundes festgelegt und bilden damit (entsprechend dem Artikel 75 des Grundgesetzes) den Rahmen innerhalb dessen entsprechende Pläne auf Landes- und Regionalebene ausgearbeitet und umgesetzt werden („hierarchisches Prinzip"). Dabei dürfen die in dem Kasten (siehe Abbildung 1) aufgelisteten Grundsätze nicht außer Acht gelassen werden.

Kasten 1: Ausgewählte Grundsätze der Raumordnung
(in Anlehnung an § 2 Raumordnungsgesetz)

- Erhalt der dezentralen Siedlungsstruktur mit ihrer Vielzahl leistungsfähiger Zentren und Stadtregionen
- Erhalt und Entwicklung der großräumigen Freiraumstruktur
- Räumliche Konzentration der Siedlungstätigkeit auf ein System leistungsfähiger Zentraler Orte, in denen u.a. die soziale Infrastruktur vorrangig zu bündeln ist
- Vorrang der Innenentwicklung vor der Inanspruchnahme von Freiflächen
- In verdichteten Räumen: Ausrichtung der Siedlungstätigkeit auf ein integriertes Verkehrssystem und Sicherung der Freiräume
- Entwicklung der ländlichen Räume als eigenständige Lebens- und Wirtschaftsräume
- Verringerung der Verkehrsbelastung durch Mischung der Raumnutzungen
- Schutz, Pflege und Entwicklung von Natur und Landschaft
- Erhalt der gewachsenen Kulturlandschaften

Abb.1. : Ausgewählte Grundsätze der Raumordnung (nach Priebs 2005)

2.   Was ist Raumplanung?

Mit dem Begriff **Raumplanung** meint man alle planerischen Maßnahmen, die innerhalb der Raumordnung, Landesplanung und Stadt- und Regionalplanung getroffen werden. Dieser Reihenfolge entsprechend sind die Träger der Raumplanung die EU, der Bund, die Bundesländer und die Kommunen (Regierungsbezirke, Landkreise, kreisfreie Städte und Gemeinden).

Die Raumplanung gliedert sich nach dem in Kapitel 1 beschriebenen hierarchischen Prinzip. Nach diesem Prinzip dürfen untergeordnete Pläne oder Programme nicht den übergeordneten Plänen oder Programmen widersprechen, andererseits müssen diese untergeordneten Pläne und Programme in den übergeordneten Plänen und Programmen Berücksichtigung finden. Diese gegenseitige Abhängigkeit wird als **Gegenstromprinzip** bezeichnet.

Im Einzelnen übernimmt die Raumplanung verschiedene Aufgaben. Während sie in entwicklungsstarken Regionen Konflikte aufgrund der erhöhten Nutzungsansprüche minimieren soll, muss sie in wirtschaftlich schwachen Regionen mit hoher Arbeitslosigkeit und Abwanderungsrate der Zersiedelung entgegenwirken und die räumliche Struktur stabilisieren. (Priebs 2005) Ziel ist es demnach, in allen Teilräumen gleichwertige Lebensbedingungen zu schaffen.

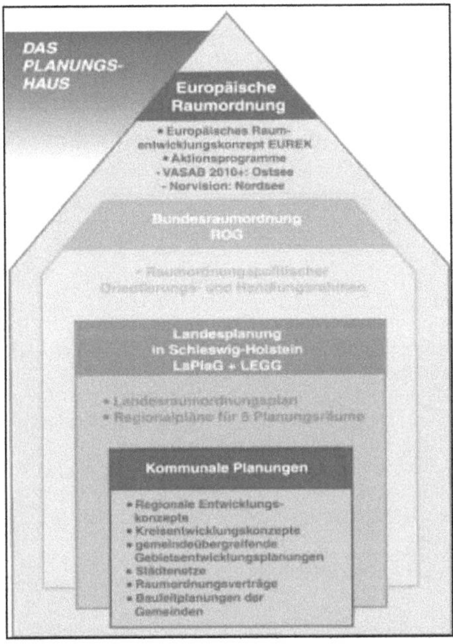

Abb. 2: Das Planungshaus (IM des Landes SH 2003)

Die Organisation der Landes- und Regionalplanung innerhalb der Bundesländer (BL) gliedert sich in die europäische Raumordnung (RO) und die Bundesraumordnung ein (siehe Abbildung 2: Das Planungshaus, *IM des Landes Schleswig-Holstein (SH) 2003)*. Das föderalistische Systems Deutschlands und die Tatsache, dass der Bund den BL für die Umsetzung der planerischen Maßnahmen einen erheblichen Spielraum lässt, bewirken jedoch, dass in den verschiedenen BL keine einheitlichen Organisations- und Verwaltungsstrukturen vorherrschen. So hat sich in jedem BL eine andere Zuordnung der Landes- bzw. Bezirks- bzw. Regionalplanung zu den Ressorts gegeben. Auch bewirken die administratorischen Unterschiede innerhalb der BL eine jeweils andere Organisation von BL zu BL. (David 1999)

In den meisten Fällen entschied man sich die **Landesplanung** (LP) auf staatlicher Ebene zu vollziehen, sprich über den Regierungschef oder Minister. Die Vorreiterrolle übernahm Nordrhein- Westfalen, indem es durch die Wirtschaft und verschiedene Körperschaften die LP seit 1950 selbst mitbestimmte und plante. Hier galt es den Staat als Aufsichtsbehörde anzuerkennen, die Planung und Umsetzung der Maßnahmen jedoch selber in der Hand zu haben. (NSL 13.05.2006)

In SH ist seit dem 1. Mai 2003 das Innenministerium (IM) die oberste Planungsbehörde für die Landes- und Regionalplanung. Wegen der fehlenden Regierungsbezirksstruktur existieren keine nachgeordneten Landesplanungsdienststellen. Die Abteilung „Landesplanung" im Innenministerium erfüllt alle landes- und regionalplanerischen Aufgaben und erstellt die 5 Regionalpläne SH. Als weitere Einrichtung wirkt in SH der Planungsrat an den Aufgaben der LP mit, welcher unter anderem aus Vertretern der Parteien des Landtages, der Gewerkschaften, der Unternehmerverbände, der Umweltverbände und den Industrie- und Handelskammern besteht. (IM des Landes S-H 2003) In Hessen gehört die LP dem Wirtschaftsministerium, in Rheinland- Pfalz der Staatskanzlei und in Brandenburg dem Umweltministerium an. Entsprechend dieser unterschiedlichen Zuordnung gestalten sich auch die Schwerpunkte in den einzelnen BL unterschiedlich.

Hinsichtlich der Organisation ist auch die **Regionalplanung** nicht einheitlich. Im Saarland bedient man sich aufgrund der Größe des Landes keiner Regionalplanung, dort gibt es nur eine Landesplanung. In Niedersachsen und Sachsen- Anhalt ist die Regionalplanung z.B. Aufgabe der Landkreise, während sie u.a. in Hessen Aufgabe der Regierungsbezirke ist. In anderen Bundesländern, wie z.B. Brandenburg und Baden- Württemberg bemühen sich Planungsverbände um die Regionalplanung. Gegenüber den Planungsbehörden (Landkreise und Regierungsbezirke) sind in Planungsverbänden mehrere Landkreise vertreten, die zusammen die Region planen. Ein solcher Planungsverband ist z.B. die „**Region Hannover**", dessen wichtigsten Aufgaben und Zuständigkeitsbereiche in der nachstehenden Abbildung aufgelistet sind. Diese Darstellung soll verdeutlichen, wie vielfältig die Aufgaben eines solchen Verbandes sein können.

> **Ausgewählte Zuständigkeiten und Aufgaben der Region Hannover:**
> - Schulträger für Berufsschulen sowie Sonderschulen (mit Ausnahme der Sonderschulen für Lernhilfe)
> - Örtlicher Träger der Sozialhilfe
> - Örtlicher Träger der öffentlichen Jugendhilfe (mit Ausnahme von fünf Städten, die über ein eigenes Jugendamt verfügen)
> - Krankenhausträger (sechs frühere Kreiskrankenhäuser des Landkreises Hannover sowie Klinikum der Landeshauptstadt Hannover mit sieben Häusern)
> - Bündelung aller Umweltaufgaben (Aufgaben der unteren, z.T. auch der oberen staatlichen Behörde für Naturschutz, Gewässerschutz, Abfall, Bodenschutz, Immissionsschutz)
> - Abfallbeseitigung
> - Regionalplanung und Aufgaben der unteren Landesplanungsbehörde sowie Genehmigungsbehörde für die Flächennutzungsplanung
> - Planung, Förderung und Trägerschaft regional bedeutsamer Erholungseinrichtungen (insbesondere Trägerschaft für den »Erlebniszoo Hannover«)
> - Aufgabenträgerin für den gesamten Öffentlichen Personennahverkehr (ÖPNV) auf Schiene und Straße
> - Wirtschaftsförderung und Beschäftigungsförderung

Abb.3: Zuständigkeiten und Aufgaben der Region Hannover (Arndt & Priebs, 2005)

Regionalpläne werden von einem Gremium verabschiedet, das aus verschiedenen Vertretern der Kommunen besteht. In Rheinland- Pfalz, Sachsen- Anhalt oder Thüringen werden beispielsweise die (Ober-) Bürgermeister/innen entsendet, während z.B. in Hessen, Baden- Württemberg oder Nordrhein- Westfalen Vertreter geschickt werden, die nicht einmal ein politisches Amt innehaben müssen. (Langhagen-Rohrbach 2005) Die Beschlüsse des Gremiums müssen anschließend der obersten Landesplanungsbehörde oder der Landesregierung zur Genehmigung eingereicht werden.

Der Begriff der **kommunalen Planung** erklärt sich indes selbst, bezeichnet also die RO auf der untersten administrativen, der kommunalen Ebene. Die kommunale Planung ist in ihren Rechten stark eingeschränkt, da auch sie sich nach den übergeordneten planerischen Instanzen zu richten hat. Dennoch ist die kommunale Planung kleinräumig gesehen die auffälligste, da sie die Raumordnungspläne (ROP) in die Realität umsetzt und letztendlich über den genauen Zweck, der vorher ja nur als Rahmen bzw. Leitbild formuliert wurde, eines Raumes entscheidet. Die Kommune erstellt unter anderem die kompletten Bebauungspläne (B-Pläne) sowie die Flächennutzungspläne, mit denen sie die städtebauliche Ordnung und die Flächennutzung festlegt. In den Stadtstaaten Berlin, Bremen und Hamburg wird diese Aufgabe von den jeweiligen Abteilungen in den „Bezirksrathäusern" übernommen, unterliegt aber in stärkerem Maße dem direkten Einfluss der Landesplanungsinstanzen als in den Flächenländern. (ARL 2005)
Wie es die Abbildung 1 schon andeutet, sind die verschiedenen Instrumente mit ihren unterschiedlichen Grundsätzen und Zielen in unterschiedlichen Vorschriften und Gesetzen verankert. Der Vollständigkeit halber soll nun kurz auf die rechtlichen Grundlagen der Raumordnung und Raumplanung eingegangen werden.

3.   Rechtliche Grundlagen der Raumordnung und Raumplanung

Laut den Artikeln 30 und 70 des Grundgesetzes ist die Landes- und Regionalplanung das „Hausgut" der Bundesländer. Dieser Regelung ist aber mit Artikel 75 Absatz 1 Nr. 4 GG eine Grenze gesetzt. Jener besagt, dass dem Bund eine Rahmenkompetenz bei der Gesetzgebung zusteht. Dem kommt der Bund seit 1965 mit dem Raumordnungsgesetz (ROG) seit 1965 nach. (David 1999) Das ROG beinhaltet Grundsätze und Leitvorstellungen der RO für das gesamte Bundesgebiet. Wegen des Vorranges der Bundesgesetzgebung (ein Bundesgesetz steht immer über dem jeweiligen Gesetz eines Bundeslandes, Bundesgesetz geht ergo immer vor Landesgesetz) haben die Bundesländer diese in ihrer Gesetzgebung zu beachten. Des Weiteren sind im ROG Vorschriften zur RO in den Bundesländern enthalten, insbesondere über die Ausarbeitung und Aufstellung der Landes- und Regionalpläne und bestimmte Verfahren der Raumordnung (RO), wie z.B. dem Raumordnungsverfahren. Auch die Aufgaben des Bundes in der RO sind im ROG festgeschrieben. (ARL 2005)

Auf Länderebene werden die Vorgaben des ROG in Landesgesetzen und Verordnungen weiter konkretisiert und den entsprechenden, oftmals verschiedenen Verhältnissen in den einzelnen Bundesländern angepasst. Für SH beispielsweise geschieht dies vor allem im Landesplanungsgesetz (LaPlaG) und im Landesentwicklungsgrundsätzegesetz (LEGG). In anderen Bundesländern gibt es entsprechende, in ihren Grundsätzen nicht anders lautende Gesetze und Verordnungen. Das LaPlaG enthält Vorgaben der Organisation und zum Aufbau der der Landes- und Regionalplanung sowie Vorschriften zu Instrumenten der RO und der LP. Die Verfahren zur Ausarbeitung der verbindlichen unterschiedlichen Raumpläne und die Organisation, also die Administration der RO auf Länderebene werden hier genau benannt. Im LEGG und den jeweiligen Pendants in anderen Bundesländern sind indes spezielle Entwicklungsgrundsätze für das Land festgehalten, die die Grundsätze des ROG ergänzen. (IM des Landes S-H 2003) Auf kommunaler Ebene wird letztendlich die praktische Umsetzung der Planung durch die Bauleitplanung gewährleistet. Diese richtet sich hauptsächlich nach dem Baugesetzbuch (BauGB). Darüber hinaus setzt die Kommune die Vorgaben gemäß LaPlaG und LEGG in die Tat um und berücksichtigt sie in der Bauleitplanung. (ARL 2005)

4.   Entwicklung der Raumordnung/ Raumplanung in den Bundesländern und auf kommunaler Ebene

Während die Geschichte der Raumordnung bzw. Raumplanung der Bundesländer erst mit der Neuordnung Deutschlands nach dem Zweiten Weltkrieg begann, geht die Geschichte der Raumordnung und -planung in den Kommunen bis zur industriellen Revolution im 19. Jahrhundert zurück. Mit der Ausbreitung von Industriezentren, höherem Verkehrsaufkommen und dem Bau der Eisenbahn nahm der Flächenverbrauch stetig zu. Des Weiteren stieg indes die Bevölkerung aufgrund des Wirtschaftswachstum in den Jahren 1800- 1939 von 20 Mio. Menschen auf 69 Mio. Menschen. (Cholewa 1989) Doch es musste nicht nur Platz für die wachsende Bevölkerung erschlossen werden, auch die Umweltprobleme wurden immer spürbarer. Hohe Abgase, Abwasser- und Lärmbelastungen, sowie Abfallprobleme verlangten nach einer planerischen Hand, die sich zumindest den Aufgaben der Industriezentren hätte stellen sollen. Dergleichen Bestrebungen von Seiten des Deutschen Reiches blieben jedoch aus, denn „Industrieplanung war im wesentlichen Unternehmensplanung" und ein Eingriff in die Planung wurde als Beschneidung der freien Marktwirtschaft gesehen. (Evers 1973) Auch wenn die Städte keinen Einfluss auf die gesellschaftlichen Strukturen nahmen, so versuchten sie doch durch Fluchtlinienplanung Stadterweiterungsgebiete zu erschließen und Wohnraum zu schaffen. Zunächst versuchte man diese Flächen einzugemeinden, man merkte jedoch schnell, dass es mit der Eingemeindung allein nicht genug war. (Cholewa 1989)

Der Bau und Betrieb der Eisenbahn stellt die planerische Situation Mitte des 19. Jahrhunderts gut dar. Um eine Eisenbahnstrecke möglichst sinnvoll zu legen und anschließend den Betrieb der Eisenbahn kostengünstig zu gewährleisten, bedarf es einer überregionalen Planung. Bis zur Reichsgründung 1872 gab es jedoch keine gemeinsame Einrichtung zur Koordinierung der deutschen Staaten und damit keine zentrale Steuerung des Eisenbahnvorhabens. So blieb der Eisenbahnbau und -betrieb vorerst auch weiterhin in der Hand vieler privater Gesellschaften. Des Weiteren lagen die Nutzungsrechte der Bahn in den Staaten, in denen der Streckenbau gerade erfolgte. Die Eisenbahn wurde damit zu einem „Spielball" von privaten Unternehmen und der Kommunalpolitik, bis Bismarck die Verstaatlichung der Eisenbahn durchsetzen konnte. (Evers 1973)

Das liberale System geriet in der Wirtschaftskrise 1873 ins Schwanken, was den Staat veranlasste wieder aktiv an der Planung der Wirtschaft teilzunehmen. Auch das Ungleichgewicht von Stadt zu Land vergrößerte sich zunehmend. Es zogen immer mehr Menschen in die Stadt, da diese bessere Arbeitsplätze versprachen. Die großen Städte formten sich zu Agglomerationszentren, die sich z.T. weit über die Stadtgrenzen ausdehnten.

Diese Darstellungen zeigen, wie groß das Ausmaß der Agglomeration war und wie dringend hier eine Planung notwendig war, die auch gesellschaftliche und soziale Aufgaben, angefangen von der Behebung von Hygieneproblemen bis hin zur Errichtung verschiedenster Versorgungseinrichtungen, in Angriff nahm. Die Infrastruktur musste ausgebessert werden, sowie weiterhin Wirtschafts- und Siedlungsraum erschlossen werden und Wasser-, Strom- und Gasversorgung gewährleistet sein. Damit dies alles erfolgte und gleichzeitig Grünflächen vor der Besiedelung geschützt werden konnten bzw. Wohn- und Gewerbegebiete getrennt wurden, war eine Planung erforderlich. Da eine rechtliche Grundlage für ein solches Planungsvorhaben fehlte, schlossen sich verschiedene Gemeinden und Landkreise zu privaten **Beratungs- und Aktionsgemeinschaften** zusammen, in denen auch Vertreter aus Wirtschaft, Verkehr und Landwirtschaft enthalten waren. Es entstanden weitere **Zweck-, Planungs- bzw. Siedlungsverbände**, die sich dem Instrumentarium der Städteplanung bedienten. Als Vorbildfunktion fungierte die 1902 gegründete **Deutsche Gartenstadtgesellschaft** und die **Grünflächenkommission** für den rechtsrheinischen Teil des Regierungsbezirkes Düsseldorf aus dem Jahr 1910. Nach dem Ersten Weltkrieg entstanden weitere Planungsverbände, darunter waren auch Verbände ländlicher Gebiete mit geringerem Wirtschaftswachstum. Die Verbände umfassten 1932 bereits 30% der Fläche des Deutschen Reiches und 58% der Bevölkerung. (Cholewa 1989) Ihnen fehlte jedoch eine rechtliche Grundlage, weshalb 1925 ein Städtebaugesetz entwickelt, aber nie umgesetzt worden ist. Außer bei der Entstehung der **Einheitsgemeinde Groß- Berlin**, dem **Siedlungsverband Ruhrkohlebezirk** und dem **Hamburgisch-Preußischen Landesplanungsausschuss** wurde den Kommunen vom Staat wenig durch entsprechende

Gesetze geholfen. Abhilfe kam erst 1933 mit dem Wohnsiedlungsgesetz, 1934 mit dem Siedlungsordnungsgesetz, 1935 mit dem Naturschutzgesetz und 1936 mit der Bauregelungsverordnung. In den beiden erstgenannten Gesetzen ging es v.a. um die Ausweisung von entwicklungsstarken Gebieten zu Wohnsiedlungsgebieten, um die Aufstellung eines Wirtschaftsplans und um die Bennennung von Genehmigungs- und Anzeigepflichten. Mit dem Naturschutzgesetz wurde den erhaltungswürdigen Landschaftsgebieten gedacht und ist auch heute noch Bestandteil der Landesplanung. Durch die Bauregelungsverordnung wurde die Bebauung reguliert und damit die Flächennutzung optimiert. Gerade die öffentliche Hand beanspruchte immer mehr Flächen. Um diesen Anspruch an den Raum regulieren zu können, wurde 1936 die „**Reichsstelle für Raumordnung**" eingerichtet, der neben diesem Gesetz zum Landbedarf der öffentlichen Hand von 1935 auch die erste Verordnung zur Durchführung der Reichs- und Landesplanung zugrunde lag. Damit hatte die Reichsstelle die Aufgabe inne, Planungsräume festzulegen und Planungsbehörden zu erschaffen. Die Planungsräume gestalteten sich aus dem Zusammenschluss von **Landesplanungsgemeinschaften**, die aus Mitgliedern aus den Land- und Stadtkreisen, Reichs- und Landesbehörden, Verbänden und sonstige Einrichtungen, die sich mit Raumordnung befassten, bestand. Sie sollten die Planungsbehörden beraten und zusammen Konzepte und Entwürfe für die Planung eines Raumes anfertigen.

Mit dem **Zweiten Weltkrieg** und der Neuordnung Deutschlands brach das bisher zentralistische Planungssystem in Deutschland zusammen. Die Besatzungsmächte brachten das föderale System nach Deutschland, indem das Land in verschiedene Bundesländer eingeteilt wurde. So entstanden in der ehemals britischen Besatzungszone Schleswig- Holstein, Hamburg, Niedersachsen und Nordrhein- Westfalen, in der ehemaligen amerikanischen Besatzungszone die Länder Hessen, Württemberg- Baden, Bayern und Bremen und in der damals französischen Besatzungszone Rheinland- Pfalz, Württemberg- Hohenzollern und Südbaden.

Der Zusammenbruch der Raumplanung äußerte sich zunächst in der Auflösung der Landesplanungsgemeinschaften 1944 (Evers 1973). Diese schlossen sich aber nach 1945 wieder als freie Verbände zusammen. 1949 wurde die „**Arbeitsgemeinschaft der Landesplaner der Bundesrepublik Deutschland**" gegründet, die auf der „Arbeitsgemeinschaft der deutschen Landesplanungsstellen" aus dem Jahr 1929 basiert. Ihre Aufgabe bestand zunächst darin, die Landesplanung in Deutschland wieder aufzubauen. Dieses Vorhaben erwies sich als recht schwierig, denn dass Raumplanung überhaupt notwendig ist, war nach dem Ende des Zweiten Weltkrieges nur schwer in das Gedankengut der Menschen zu bringen. Das lag v.a. daran, dass die Bürger den Begriff „planen" oftmals mit „diktieren" in Verbindung brachten. (Cholewa 1989)

Dennoch versuchten die Länder die Planung bestmöglich aufrecht zu erhalten, um den Wideraufbau zu fördern, Obdachlose zu versorgen, die Infrastruktur wieder aufzubauen, Versorgungseinrichtungen zu schaffen, die Industrie und Wirtschaft wieder voran zu treiben und letztlich die Flüchtlingsströme zu lenken. Durch den Zustrom der Flüchtlinge entstanden große Ballungszentren. Gleichzeitig verschlechterte sich auch die Situation im Osten des Landes und das **Ost- West- Gefälle** verstärkte sich. Diese beiden Komponenten, das Wachstum im Westen und die Abwanderung im Osten veränderten das Meinungsbild der Bürger und ließen den Stellenwert der Planung steigen. 1948/49 wurden **Aufbaugesetze** erlassen, in denen der Aufbau zerstörter Städte, Beschaffung von Wohnraum und Arbeitsplätzen geregelt werden sollte. In diesen Gesetzen wurde festgelegt, dass sich die Gemeinden mit der überörtlichen Planung abzustimmen haben, was schwierig war, da hier entsprechende Gesetzesgrundlagen fehlten. Dem wurde 1950 mit der Verabschiedung des ersten **Landesplanungsgesetzes** in Nordrhein- Westfalen Abhilfe getan. Bayern folgte 1957 mit dem zweiten Landesplanungsgesetz und Schleswig- Holstein im Jahr 1962 mit dem dritten.

1950 wurde für den Wirtschaftsraum um München erstmals ein Regionalplan erstellt, 1951 folgte das Saarland mit entsprechenden Regionalplänen für einzelne Gebiete und auch für die Region Rhein- Neckar wurde ein Regionalplan gefertigt. Seit Beginn der 1960er kristallisierte sich die Regionalplanung immer mehr als ein selbstständiges Organ zwischen der Landesplanung und der kommunalen Bauleitplanung heraus und wurde auch als solches im Bundesraumordnungsgesetz 1965 festgehalten.

Die Erfahrungen, die die einzelnen Länder mit dem Gesetz machten wurden in der „Arbeitsgemeinschaft der Landesplaner der Bundesrepublik Deutschland" festgehalten und an die Länder weitergegeben. Während 1962 in Hessen und Baden- Württemberg erstmals das Landesplanungsgesetz verabschiedet wurde, novellierte Nordrhein- Westfalen bereits aufgrund der gewonnenen Erkenntnisse ihr Gesetz in Zusammenarbeit mit der „Arbeitsgemeinschaft der Landesplaner". Zwei Jahre später folgte das Saarland und 1966 Rheinland- Pfalz und Niedersachsen erließ das niedersächsische Gesetz über Raumordnung und Landesplanung. Im Jahr 1970 verabschiedete Bayern bereits sein zweites Landesplanungsgesetz.

10 Jahre nach dem Erlass des Raumordnungsgesetzes des Bundes wurde 1975 ein **Bundesraumordnungsprogramm (BROP)** verabschiedet, das auf erheblichen Widerstand v.a. durch den Freistaat Bayern stieß. Das Programm sollte die Ziele und Grundsätze des Raumordnungsplans genauer darstellen, worauf sich die meisten Länder jedoch nicht einließen. Infolgedessen blieb das Programm zwar erhalten, es findet jedoch bis heute in der Landesplanung kaum Beachtung. Eine Erneuerung des Programms hat es bis heute nicht gegeben. (WAR 14. 05.2006)

Nachdem nun die Geschichte der Raumordnung dargestellt wurde, wollen wir mit dem folgenden Kapitel anhand des Beispiels SH zeigen, wie die praktische Umsetzung der im Laufe der Zeit entwickelten Pläne aussehen kann. SH ist dabei lediglich als Modell zu sehen; in anderen BL ist die LP wie bereits beschrieben verschieden aufgebaut. Darüber hinaus werden im Folgenden die Begrifflichkeiten, Grundsätze und Ziele der Landes- und Regionalplanung, die in der schriftlichen Fassung des LROPl auftauchen, ausführlich erläutert.

5. Der Landesraumordnungsplan SH als Umsetzung der Grundsätze und Ziele der Landes und Regionalplanung

5.1. Allgemeine Information

Der Landesraumordnungsplan für SH stellt die Umsetzung der Grundsätze der Landes- und Regionalplanung dar. Er bildet den Rahmen, der in den 5 Regionalplänen weiter konkretisiert wird. Für die Gemeinden und andere öffentliche und private Planungsträger bietet er Orientierungen, Anregungen, Hinweise und Regeln für die zukünftige Raumentwicklung des Landes. Der Landesraumordnungsplan trifft Wertungen und gibt Vorgaben für die Koordinierung der unterschiedlichen Nutzungsansprüche an den Raum. Grundvoraussetzung dafür ist auch hier die nachhaltige Sicherung und Entwicklung von Natur und Umwelt unter Berücksichtigung ihrer Belastungsgrenzen. (Ministerpräsidentin (MP) des Landes SH 1998) Im Landesraumordnungsplan werden schwerpunktmäßig Aussagen zu Entwicklungsperspektiven, Raumstruktur, Freiraumstruktur, Siedlungsentwicklung, Verkehr und Küstenschutz gemacht. Diese werden schließlich in den 5 Regionalplänen in textlicher und in Form einer Karte dargestellt.

5.2.   Übergeordnete Raumstruktur

Das Gebiet des Landes SH wird durch den Raumordnungsplan in 4 verschiedene Raumkategorien unterteilt (Siehe Abb. 2). Raumkategorien sind nach bestimmten Kriterien abgegrenzte Räume, in denen jeweils gleichartige Strukturen bestehen und in denen deshalb gleiche Ziele verfolgt werden müssen. Es wird zwischen Ordnungs- und Verdichtungsräumen, Ordnungsräumen für Tourismus und Erholung, ländlichen Räumen und Stadt- und Umlandbereichen in ländlichen Räumen unterschieden. (Turowski & Lehmkühler 1999,)

5.2.1.   Verdichtungs- und Ordnungsräume

Verdichtungsräume sind Gebiete mit einer besonderen Konzentration von Wohn- und Arbeitsstätten, Verkehrstrassen und Einrichtungen der technischen und sozialen Infrastruktur auf engem Raum. (IM des Landes SH 2003) Durch die hohe Verdichtung haben steuernde Maßnahmen in diesen Bereichen besondere Bedeutung. Die Verdichtungsräume sollen als Wohn-, Produktions- und Dienstleistungsschwerpunkte erhalten bleiben. (Turowski & Lehmkühler 1999) Deswegen müssen in ihnen verstärkt Maßnahmen zur ökologischen Strukturverbesserung unternommen werden und die Funktionsfähigkeit der natürlichen Ressourcen gesichert werden. Nachteilige Auswirkungen der Verdichtung auf den Naturhaushalt, die Wirtschafts- und Sozialstrukturen sollen vermieden werden. (MP des Landes SH 1998) Da zwischen den Verdichtungsräumen und ihrem Randgebiet intensive Verflechtungen jeglicher Art bestehen, von denen zu erwarten ist, dass sie sich auch binnen der nächsten Jahre weiter verstärken werden, müssen diese in die Betrachtung der Verdichtungsräume mit einbezogen werden. Verstärken werden sich diese Verflechtungen u.a. wegen der steigenden Mobilität der Bevölkerung. Das jeweilige Randgebiet bildet mit dem Verdichtungsraum so genannte Ordnungsräume. Die Abgrenzung erfolgt anhand der Pendlerströme entlang und innerhalb von Gemeindegrenzen. (Turowski & Lehmkühler 1999) Diese Bereiche werden als Ordnungsräume bezeichnet, weil in ihnen in besonderem Maß ordnende Maßnahmen und damit eine stärkere planerische Beeinflussung der räumlichen Nutzung aufgrund der starken Verdichtung geboten ist. Sie sind so zu ordnen und zu entwickeln, dass gesunde räumliche Strukturen auch bei einer weiteren Verdichtung sichergestellt bleiben. Die Ordnungsräume in SH umfassen die Verdichtungsräume Hamburg, Kiel und Lübeck mit ihren Randgebieten. (MP des Landes SH 1998)

5.2.2. Ordnungsräume für Tourismus und Erholung

Im LROPl sind Ordnungsräume für Tourismus und Erholung ausgewiesen. In diesen Gebieten herrschen ein zeitweilig, saisonal bedingter, hoher Siedlungsdruck und/ oder ein hohes Personen- und Verkehrsaufkommen vor. Natur, Umwelt und Landschaft sollten hier als wichtigste Grundlage für den Tourismus besonders geschützt werden. Die oftmals bereits erreichte hohe Konzentration der touristischen Infrastruktur führt zu einer hohen Belastung von Natur und Landschaft. Es sind dementsprechend raumordnende Maßnahmen für die Siedlungstätigkeit und die Sicherung der für Tourismus und Erholung wichtigen Freiräume erforderlich. Deshalb soll nur noch eine zurückhaltende und schonende Entwicklung (Aus-, Neubau etc.) stattfinden. Dabei sind der Qualitätssicherung, Saisonverlängerung und Diversifizierung des Angebotes Vorrang vor einer reinen Kapazitätserweiterung zu gewähren. Diese Ordnungsräume befinden sich vornehmlich an den Küsten der Nord- und Ostsee. Im Binnenland ist nur die Holsteinische Schweiz mit Bad Malente- Gremsmühlen als „Zentrum" erfasst. Anders als bei den siedlungsstrukturellen Ordnungsräumen werden hier keine ganzen administratorischen Einheuten wie Gemeindegrenzen erfasst, sondern nur die Teile, die auch tatsächlich von Tourismus und Erholung mit ihren entsprechenden Einrichtungen geprägt sind. (MP des Landes SH 2003)

5.2.3. Ländliche Räume

Als ländliche Räume werden Gebiete außerhalb der siedlungsstarken Ordnungsräume bezeichnet. Innerhalb dieser Bereiche liegen abgelegene, strukturschwache ländliche Räume. Darüber hinaus werden die ländlichen Räume auch manchmal von Stadt- und Umlandbereichen überlagert. Auf diese wird im nächsten Abschnitt eingegangen. Die ländlichen Räume sind vielfach durch einen Bevölkerungsrückgang, fehlende Erwerbsalternativen, einem Angebotsrückgang in der sozialen Infrastruktur und eine schlechte verkehrliche Erreichbarkeit gekennzeichnet. (MP des Landes SH 1998) Sie sollen jedoch mit ihren vielfältigen Funktionen unter Berücksichtigung ihrer Eigenart sowie der ökologischen Belange als eigenständige, gleichwertige und zukunftsträchtige Lebens- und Wirtschaftsräume erhalten bleiben und weiterentwickelt werden. Durch eine Ermöglichung der Eigenentwicklung der Gemeinden sollen Entwicklungspotenziale mobilisiert werden und so eine Teilnahme an der Gesamtentwicklung des Landes gewährleistet werden.

5.2.4. Stadt- und Umlandbereiche in ländlichen Räumen

Stadt- und Umlandbereiche umgeben einen zentralen Ort und die umliegenden Gemeinden in ländlichen Regionen. Sie sollen als Wirtschafts-, Versorgungs- und Siedlungsschwerpunkte weiterentwickelt werden und so zur Stärkung der ländlichen Räume beitragen. Aufgrund ihrer Entwicklungsdynamik und ihrer Probleme (z.B. Umweltbelastungen, Flächenengpässe) sind sie mit Ordnungsräumen vergleichbar und erfordern ähnliche Zielsetzungen. (MP des Landes SH 1998)

5.3. Strukturelemente der Siedlungsentwicklung

5.3.1. Zentralörtliches System

Zu den Aufgaben der Landesplanung gehört es entsprechend den Grundsätzen im ROG auch, die Rahmenbedingungen dafür herzustellen, dass im Land überall gleichwertige Lebensbedingungen (Arbeits- und Versorgungsmöglichkeiten) sowie soziale und kulturelle Einrichtungen vorhanden sind. Allerdings darf nicht jede Gemeinde die gesamte Palette dieser Einrichtungen bereithalten. Durch die flächendeckende Verteilung von zentralen Orten jedoch kann die Sicherung der Einrichtungen der Daseinsvorsorge, Kultur und des öffentlichen und privaten Dienstleistungsbereiches in angemessener Entfernung gewährleistet werden. Städte und Gemeinden, die schon über bestimmte Wohn- und Arbeitsplatzkonzentrationen und eine infrastrukturelle Ausstattung verfügen, sollen überörtliche Funktionen für ihr Umland wahrnehmen. Die Schwerpunkte dieser Entwicklung sind die **zentralen Orte** und ihre Verflechtungsbereiche. Der rechtliche Rahmen für das zentralörtliche System findet sich in SH im Landesentwicklungsgrundsätzegesetz wieder. Darin sind die Kriterien zur Einstufung der Gemeinden festgelegt. Die „Verordnung zum zentralörtlichen System" weist die zentralen Orte in ihre Stufen sowie ihre Verflechtungsbereiche aus. (IM des Landes SH 2003)

Es werden vier Stufen von zentralen Orten unterschieden: Oberzentren, Mittelzentren, Unterzentren und ländliche Zentralorte. Ländliche Zentralorte stellen die Grundversorgung für ihr unmittelbares Umland sicher. Oberzentren verfügen dagegen über Einrichtungen des spezifizierten höheren Versorgungsbedarfs für einen großen umliegenden Bereich. Mittel- und Unterzentren haben entsprechend abgestufte Aufgaben. In einem Umkreis von 10km um Ober- und Mittelzentren sollen keine weiteren zentralen Orte festgelegt werden. Ausnahmen bilden jedoch die Stadtrandkerne, welche von den entsprechenden Kommunen ausgewiesen werden können. Um die zentralen Orte herum werden Verflechtungsbereiche ausgewiesen. Je nach Einstufung des Ortes, den sie umgeben, unterscheidet man zwischen Nah-, Mittel- und Oberbereichen. Ein Nahbereich wird für jeden zentralen Ort zur Deckung des täglichen Grundbedarfs ausgewiesen. Mittelbereiche decken den gehobenen Bedarf und werden um jedes Mittel- und Oberzentrum ausgewiesen. Oberbereiche bestehen nur um jedes Oberzentrum zur Deckung des spezialisierten höheren Bedarfs. (IM des Landes SH 2003)

5.3.2. Achsenkonzept

Um den Nachteilen einer weitläufigen, ringförmigen Ausbreitung von Siedlungsflächen in den Ordnungsräumen entgegenzuwirken und damit eine großräumige Zersiedlung der Landschaft zu verhindern, soll die siedlungsmäßige und wirtschaftliche Entwicklung in ihnen nur entlang von Siedlungsachsen und weiteren zentralen Orten verlaufen. Die Achsen sollen sich entlang von leistungsfähigen, insbesondere schienengebundenen Verkehrstrassen und einer dichten Abfolge von Siedlungsschwerpunkten ziehen. Die Gebiete zwischen den Achsen sollen in ihrer landschaftsbezogenen Ausgestaltung erhalten bleiben und so weiterhin ihrer Funktion als ökologische Ausgleichsräume und Standorte für Forst- und Landwirtschaft gerecht werden. Eine besondere Bedeutung für die Strukturierung der Achsen und die positive Beeinflussung der benachbarten ländlichen Gebiete stellen die äußeren Achsenschwerpunkte dar. Ihre Entwicklung ist besonders zu fördern. (MP des Landes SH 1998)

5.4. Strukturelemente der Freiraumentwicklung

5.4.1. Vorbehalts-, Eignungs- und Vorranggebiete

Mit dem Ziel der Bestands- und Funktionssicherung werden im LROPl Räume mit besonderer Bedeutung und in den Regionalplänen Gebiete mit besonderer Bedeutung, Eignungsgebiete und Vorranggebiete, dargestellt.

Räume und Gebiete mit besonderer Bedeutung (Vorbehaltsgebiete) legen für bestimmte Nutzungen Bereiche fest, in denen die festgelegte Zweckbestimmung mit anderen Nutzungsansprüchen bei Planungen und Maßnahmen abzuwägen ist. Bei konkurrierenden Nutzungen wird der festgelegten Zweckbestimmung ein hoher Stellenwert beigemessen. Verschiedene Zweckbestimmungen können sich räumlich überlagern. Vorbehaltsfestlegungen haben die rechtliche Bindung von Grundsätzen. Der LROPl und die Regionalpläne legen Vorbehaltsgebiete für Natur und Landschaft, Tourismus und Erholung, für den Grundwasserschutz, für die Neuwaldbildung und für den Abbau oberflächennaher Rohstoffe fest. In der Karte des LROPl sind nur Räume mit besonderer Bedeutung für Natur und Landschaft und für Tourismus und Erholung dargestellt. In den fünf Regionalplänen sind auch die anderen Arten von Vorbehaltsgebieten verzeichnet. (MP des Landes SH 1998)

Eignungsgebiete sind Bereiche, die für bestimmte, raumbedeutsame Nutzungen besonders geeignet erscheinen. Die Ausweisung als ein solches Gebiet hat Zielcharakter, jedoch ohne die rechtliche Verbindlichkeit von Zielen. Trotzdem müssen andere Nutzungen, die der vorgesehenen entgegenstehen, zurücktreten. Die in einem Eignungsgebiet ausgewiesene Nutzung ist im Rest des Planungsgebietes ausgeschlossen. Eignungsgebiete werden in SH ausschließlich für Windenergieanlagen festgelegt. (MP des Landes SH 1998)

Vorranggebiete können innerhalb von Vorbehaltsgebieten ausgewiesen werden. In ihnen wird konkretisierten Nutzungen nach Abwägung Vorrang eingeräumt. Andere Nutzungen können nur realisiert werden, wenn sie mit dem festgelegten Vorrang vereinbar sind. Vorrangfestlegungen haben die rechtliche Bindung von Zielen. Vorranggebiete sind in den Regionalplänen dargestellt und werden für Naturschutz, den Grundwasserschutz und den Abbau oberflächennaher Rohstoffe ausgewiesen. (MP des Landes SH 1998)

5.4.2. Gebiete mit multifunktionaler Bedeutung in Ordnungsräumen

Innerhalb der Ordnungsräume bestehen wegen der höheren Siedlungsdichte, dem höherem Siedlungsflächenanteil, der größeren Arbeitsplatzkonzentration und der größeren Entwicklungsdynamik besondere Anforderungen an den Schutz der Freiräume. Um diese zu sichern und in ihrer Funktion zu erhalten, werden in Ordnungsräumen regionale Grünzüge und Grünzäsuren ausgewiesen. Beide werden nur in den Regionalplänen dargestellt.

5.4.3. Weitere Elemente

Als weitere Elemente der Freiraumstruktur werden in der Karte des LROPl der Nationalpark „Schleswig-Holsteinisches Wattenmeer" und verschiedene Naturparks, wie z. B. der Naturpark Westensee dargestellt. Die Festlegung eines Gebietes zum Nationalpark oder Naturpark obliegt gemäß §22 Abs. 1 BnatSchG der Landesregierung.

5.5. Infrastruktur

In Bezug auf Infrastruktur äußert sich der LROPl nur zur Verkehrsinfrastruktur. Die soziale Infrastruktur oder die Versorgungsinfrastruktur wird nicht angesprochen. Laut dem LROPl sind folgende Punkte für die Gestaltung der Verkehrsinfrastruktur maßgebend: Die Erweiterung der Europäischen Union und die Öffnung Osteuropas haben zu einer Veränderung in den großräumigen Verkehrbezügen SH geführt. Die entstandenen Verkehrsengpässe sind dementsprechend durch Neubaumaßnahmen zu entschärfen. Außerdem besteht die Notwendigkeit, Verkehr zu vermeiden oder auf öffentliche, insbesondere schienengebundene Verkehrsträger zu verlagern. Dies bedingt auch eine stärkere Abstimmung von Verkehrs- und Siedlungspolitik, vor allem bei der Aufstellung der B-, Bauleit- und Nahverkehrspläne. Besonders in den Ordnungsräumen sind aus Gründen des Umweltschutzes und Städtebaus nur begrenzte Möglichkeiten vorhanden, die zu erwartenden Verkehrszunahmen zu kompensieren. Maßnahmen zur Verbesserung der ÖPNV-Bedienung haben insofern Vorrang. (MP des Landes SH 1998)

Insgesamt soll SH aber in alle Richtungen in gleichwertigen Infrastrukturformen ausreichend leistungsfähig angebunden werden. Für den Güterverkehr ist zu prüfen, ob eine zunehmende Verlagerung von Straßen auf andere Verkehrsträger sinnvoll und zu realisieren ist. Die dafür notwendigen Voraussetzungen, wie z.B. Fracht- und Güterzentren sollen geschaffen werden. In der Karte des LROPl werden das Straßennetz aus Bundesautobahnen und Bundesstraßen (vorhandene und dringliche Planung), das Schienennetz (elektrifiziert und zu elektrifizieren), die Häfen mit überregionaler Bedeutung und die Kanalhäfen sowie die überregionalen Fährverbindungen dargestellt. So wurde Beispielsweise gemäß dem LROPl die Bahnstrecke Hamburg – Kiel elektrifiziert, die Strecke Hamburg – Lübeck ist in Arbeit und der Bau der BAB 20 weiter vorangetrieben.

5.6.   Küstenschutz

Als letzter Punkt wird im LROPl der Küstenschütz angesprochen. Ihm kommt ein Land wie SH mit zwei langen Küstenlinien und ausgedehnten Küstenniederungen ein hoher Stellenwert zu. Die Zielsetzungen für den Küstenschutz sind im Generalplan „Deichverstärkung, Deichverkürzung und Küstenschutz in SH" festgeschrieben und sind zugleich die Ziele der Raumordnung und Landesplanung. Die Küstenschutz und Deichlinien werden in den Regionalplänen konkretisiert.

6.   Probleme und Chancen der Raumordnung in der Zukunft

Wie in der Einleitung beschrieben, galt das Modell der Zentralen Orte lange Zeit als sehr umstritten. Derzeit sieht man es jedoch als erwiesen an, dass das zentralörtliche System seinen Beitrag dazu leistet, gemäß § 2 ROG in den verschiedenen Teilräumen Deutschlands gleichwertige Lebensbedingungen zu schaffen. Im Osten Deutschlands stellt diese Angleichung an westliche Verhältnisse noch ein Problem dar. Während man nach der Wiedervereinigung durch staatliche Subventionen und durch Aufbaumaßnahmen (z.B. Infrastruktur) aus dem Westen versucht hat, die Lebensgrundlagen anzugleichen, ist man nun dazu übergegangen „Hilfe zur Selbsthilfe" zu leisten. Derzeit versucht man die Potentiale und Chancen der Region zu nutzen und sich auf die eigenen Stärken zu besinnen. Nach Priebs (2005) wird „die Entwicklung regionsspezifischer Handlungskonzepte [...] seitdem als Alternative zu klassischen Handlungsmustern empfohlen."

Solche Aufgaben sind Bestandteil der Regionalpläne. In der jüngeren Vergangenheit hat sich gezeigt, dass neben diesen „harten" Instrumenten so genannte „weiche" Instrumente in der Raumordnung hinzugetreten sind und diese immer größere Bedeutung in der Raumplanung finden. Die als „weich" dekla-rierten Instrumente meinen Konzepte, die zusammen mit Bürgern und / oder der Wirtschaft entwickelt worden sind. Es wird hier also ein Ansatz zur Aufklärungsarbeit geleistet. Dazu gehört neben großen Überzeugungsarbeiten das Einbinden der Betroffenen in den Plänen, um auf größere Akzeptanz bei den jeweiligen Vorhaben zu stoßen. In der „Region Hannover" hat sich dieses Konzept bewährt. (Priebs 2005) Dennoch gibt es vielerorts Konflikte von Investoren und Unternehmern, die Projekte realisieren wollen, die nicht mit den Grundsätzen der Raumordnung vereinbar sind. Diese sehen die Chancen in der Stärkung der Wirtschaftskraft in dem Bau großer Projekte und argumentieren mit der Schaffung von Arbeitsplätzen, was sich zunächst verlockend anhört. Doch viele dieser Projekte wirken sich nicht lang-fristig positiv auf eine Region aus. Deshalb ist gerade in der heutigen Zeit, wo ein starker Arbeitsplatz-mangel vorherrschend ist, die Prüfung etwaiger Vorhaben zu einer weiteren großen Aufgabe der Raum-ordnung und Raumentwicklung geworden.

Neben den wirtschaftlichen Interessen von Seiten der Unternehmer muss die Raumordnung aber auch den immer stärker ökologisch orientierten Bürgern und Umweltverbänden (etc.) Rechnung tragen. Seit den 60er Jahren hat es diesbezüglich in Deutschland ein Umdenken in der Gesellschaft gegeben. Die Interessen des Einzelnen fokussierten sich immer mehr auf die sozialen und umweltrelevanten Berei-che. Verstärkt wurde der Trend des ökologischen Denkens sicher durch die (seit Ende der 1960er) im-mer häufiger in den Medien verbreiteten Thesen und Spekulationen über die Klimaänderung und damit einhergehend die Entdeckung des Ozonlochs 1979. 1971 nahm sich die Raumplanung diesem zuneh-menden Interesse an der Umwelt an und verabschiedete auf Bundesebene ein Umweltprogramm. 5 Jah-re später wurde das Bundesnaturschutzgesetz (BNatSchG) verabschiedet, womit gleichzeitig die **Land-schaftsplanung** als eigenständiges Planungsinstrument des Naturschutzes und der Landschaftspflege ins Leben gerufen wurde. (www.bfn.de) Im Folgenden soll die Landschaftsplanung auf Bundesländer- und kommunaler Ebene dargestellt werden.

B)   Landschaftsplanung auf Bundesländer und kommunaler Ebene

1.   Was ist Landschaftsplanung?

Wie schon erwähnt ist die Landschaftsplanung ein Planungsinstrument, das die Aufgabe hat, die im BNatSchG bzw. in den Landesnaturschutzgesetzen festgelegten Ziele umzusetzen. D.h. sie konkretisiert die Beschlüsse des Naturschutzes und der Landschaftspflege und manifestiert sie in den Landschafts-programmen der Länder, den Landschaftsrahmenplänen der Regionen/Landkreise und in den Land-schaftsplänen bzw. Grünordnungsplänen der Gemeinden. Dabei bezieht sie sich nicht nur auf die Land-schaft im engeren Sinne, sondern auch auf Teilgebiete der Landschaft, wie Dörfer, Siedlungen, Städte und Industriegebiete. Damit vertritt sie nicht nur die Interessen der Natur, sondern auch die des Men-schen, indem versucht wird die wirtschaftliche Entwicklung möglichst ökologisch verträglich zu gestal-ten. Diese Fachplanung ist Bestandteil der räumlichen Planung in Deutschland, da der Grundsatz gilt, in allen Teilräumen eines beplanten Gebietes u.a. eine gleichwertige natürliche Lebensgrundlage zu schaf-fen. (vgl. §2 (2) ROG)

Generell steht ein Landschaftsplan selten für sich, zumeist ist er durch z.B. Raumordnungspläne oder Flächennutzungspläne anderer Planungsträger in die jeweiligen Fachplanungen eingebunden. Außerdem werden oft bei bestimmten Planungen entsprechende landschaftspflegerische Begleitpläne zu Rate gezogen. Das kann z.B. bei der Rohstoffgewinnung der Fall sein (Steinbrüche, Kiesgruben) oder bei der Installation von Windkraftanlagen, sowie bei Freizeit- und Tourismuseinrichtungen. Die Landschaftsplanung ist in Deutschland nicht auf eine Planungsebene festgelegt. Die Tabelle 1 verdeutlicht, welche Programme und Pläne auf welcher Ebene beschlossen werden.

Planungsebene/ -träger	Landschaftsplanung
Bundesland	Landschaftsprogramm
Regierungsbezirk/ Regionalverband	Landschaftsrahmenplan
Gemeinde bzw. Planungsverband	Landschaftsplan
Gemeinde	Grünordnungsplan
für Schutzgebiete	Pflege- und Entwicklungsplan
Eingriffsvorhaben	Landschaftspflegerischer Begleitplan

Tab.1: Ebenen der Landschaftsplanung (nach: de. wikipedia.org)

C) Fallbeispiel Kiesabbau (KA): Gesetzlicher und landesplanerischer Rahmen für den Kiesabbau und dessen Konsequenzen in SH

Der bisherige Teil der Arbeit ist eher allgemein theoretisch ausgerichtet, weswegen es sich zum Ende hin anbietet, noch einen ausführlichen Blick auf ein Praxisbezogenes Beispiel zu richten. Hierfür haben wir den Kiesabbau in SH ausgewählt, da er in besonderem Maße einer ausführlichen Planung bedarf. Dies liegt zum einen daran, dass er erheblich in die Ökologie eines Gebietes eingreift und zum anderen so stark mit anderen Nutzungsansprüchen konkurriert. Im Folgenden werden zuerst die grundlegenden planerischen Instrumente bzgl. des KA erläutert. Darauf folgt ein Blick in die Praxis sowie eine Erläuterung der beim KA entstehenden Probleme mit der Umwelt. Abschließend wird der Frage nachgegangen, was nach dem abgeschlossenen Abbau mit der „leeren" Grube geschieht.

1. Grundsätze der Landes- und Regionalplanung bzgl. des KA:

Zur langfristigen Sicherung der Standorte für Rohstoffgewinnung im Planungsraum sind Vorranggebiete für den KA festgelegt. Diese Vorranggebiete werden nach ökologischen, geologischen und wirtschaftlichen Gesichtspunkten ausgewiesen. Nutzungsänderungen von Freiflächen dürfen den KA hier weder verhindern noch wesentlich beeinträchtigen. Das schließt nicht aus, dass im Einzelfall auf kleinräumigen Teilflächen der Vorranggebiete öffentliche Belange, beispielsweise eine Ausweisung nach besonderer Abwägung der verschiedenen Nutzungsinteressen als Naherholungs-, Siedlungs- oder Naturschutzgebiet einem Abbau im Wege stehen können. In den Vorbehaltsgebieten für den KA sind zur langfristigen Sicherung der Rohstoffgewinnung und -versorgung im Planungsraum einerseits die Lagerstätten und Rohstoffvorkommen möglichst von Nutzungen, die die Rohstoffgewinnung stark beeinträchtigen oder verhindern, freizuhalten. Andererseits ist bei Nutzungsänderungen, die einen späteren KA ausschließen oder wesentlich beeinträchtigen können, der Rohstofflagerstätte bei der Abwägung mit konkurrierenden Nutzungsansprüchen ein besonderes Gewicht beizumessen. Ein Widerspruch zwischen gleichzeitigem Vorbehalt für beispielsweise Natur und Erholung einerseits und KA andererseits besteht indes deswegen nicht, da er nur einen temporären Eingriff in die Landschaft darstellt, er rechtlich also als reversibel angesehen, die Natur- und Erholungsfunktion ergo als nicht dauerhaft beeinträchtigt angesehen wird.

Jedoch sind Beeinträchtigungen von Natur und Landschaft zu vermeiden. Demnach hat man solche Standorte zu wählen, bei denen einerseits die betroffenen Schutzgüter (Boden, Wasser, Arten- und Biotopschutz und Landschaftsbild) möglichst gering beeinträchtigt werden. Andererseits gehört der Abbau selbst so gestaltet, dass unvermeidbare Beeinträchtigungen minimiert werden und dass für den KA bereits frühzeitig entsprechende Ausgleichs- und Ersatzmaßnahmen in der Landschaft ergriffen werden (Minister für Wirtschaft, Technik & Verkehr S-H 1994; 61ff, MP S-H 1998; 45ff). Sofern eine Überlagerung von schützenswerten Objekten und Biotopen mit Lagerstätten und Rohstoffvorkommen vorliegt und eine hinreichende denkmalschutz- oder naturschutzgesetzliche Begründung vorliegt, wird von der Festlegung dieser Bereiche als Vorbehaltsgebiet für den KA abgesehen. In Landschaftsschutzgebieten findet ein KA ergo nur nach ausführlicher Abwägung im Einzelfall, wo also keine akzeptablen Standortalternativen zur Verfügung stehen, statt. Insgesamt sieht der LROPl rund 90km² an Vorranggebieten für den KA vor, wobei auch nur 0,.3% der Landesfläche einen wirtschaftlichen KA erlaubten. Von diesen 0,3% stehen wiederum 70% unter solchem Naturschutz, dass es hier zu in naher Zukunft zu keinen Abbau kommen wird.

2.   Gesetzlicher Rahmen

Die Orte eines potenziellen Abbaus werden durch das Landesplanungsgesetz (LaPlaG), die angestrebten Entwicklungstendenzen des KA durch das Landesentwicklungsgrundsätzegesetz (LEGG) vorgegeben und im Landesraumordnungsplan (LROPl) festgelegt. Der LROPl von 1979 wurde 1998 im Rahmen der Novellierung des LEGG von 1995 gemäß den eher ökologisch geprägten Regierungszielen komplett überarbeitet. Gemäß dem LaPlaG ist der KA eine zeitlich begrenzte Beeinträchtigung der Landschaft und der Natur. Der KA als die in den Boden und somit in die Natur eingreifende Handlung wird aber auch im Landesnaturschutzgesetz (LnatSchG) geregelt. Dieses Landesrecht orientiert sich am Bundesrecht, ergo am für den Rohstoffabbau zuständigen Bundesnaturschutzgesetz (BNatSchG) und dem Bundesberggesetz (BBerG). Das LNatSchG hat die Aufgabe, jegliche Belastungen durch einen KA so gering wie möglich zu halten, um den volkswirtschaftlichen, kulturellen und ökologischen Schaden möglichst klein zu halten. Außerdem ist die ausgebeutete Lagerstätte wieder herzurichten, um sie so einer sinnvollen, vorrangig naturnahen Folgenutzung zugänglich zu machen (Minister für Wirtschaft, Technik & Verkehr S-H 1994; 61ff).

Zum anderen ist der KA von der Bundesebene her durch das Baugesetzbuch (BauGB) geregelt, welches den LROPl und das LaPlaG ergänzt (Landesamt für Naturschutz und Landschaftspflege Schleswig-Holstein 1990; 42ff). Gemäß BauGB §35 Abs. 1 Nr. 4 ist ein KA gegenüber kommunalen Interessen privilegiert. Generell ist eine Bodenentnahme jeglicher Art erst ab einer Abbaufläche von über 1000m² oder einer Menge von über 30m³ strafbar bzw. genehmigungspflichtig gemäß §13 LNatSchG (Minister für Wirtschaft, Technik & Verkehr S-H 1994; 89). Bei Nassabbauvorhaben, die einer Planfeststellung gemäß § 31 Wasserhaushaltsgesetz bedürfen, ist zusätzlich eine Umweltverträglichkeitsprüfung nach dem UVP-Gesetz vom 12.02.1990 (BGBl. S.205) durchzuführen. Ab einer Abbaufläche über 10ha ist außerdem eine Vorabstimmung von der Landesplanungsbehörde einzuziehen, da ein solcher KA eine geringfügige Änderung des LROPl zu Folge haben kann (§14 LaPlaG).

3.   Genehmigungsverfahren für den KA

Der KA wird unter Berücksichtigung aller Bestimmungen von der zuständigen unteren Naturschutzbehörde genehmigt. Kommunen können ihm nicht widersprechen, geben aber Vorschläge für den Standort ab. Die untere Naturschutzbehörde erteilt die Genehmigung nach einer differentiellen Abwägung, die sich zum einen nach dem LROPl, zum anderen nach den wirtschaftlichen und ökologischen Besonderheiten des Standortes zu richten hat. Im Antrag für die Genehmigung des Kiesabbaus muss begründet werden, warum nur der beantragte Standort für den Betrieb in Frage kommt. Es muss ausführlich aufgelistet sein, welche Folgen der KA auf den Standort und seine Umgebung haben wird. Diese Folgen müssen wiederum durch geplante Maßnahmen, die im laufenden Betrieb von staatlicher Seite geprüft werden, möglichst gering gehalten werden. Ausgleichsflächen für die Natur sind vom Betrieb zu finanzieren, ebenso die Renaturierung bzw. Wiederinstandsetzung der Abbauflächen. Fürderhin sind finanzielle Sicherheiten, präzise Abbaupläne und Chronologie des KA im Voraus vorzulegen. Sobald der Antrag komplett ist, beginnt die untere Naturschutzbehörde mit den bio-, geo- und hydrologischen Untersuchungen zur Feststellung der Umweltverträglichkeit des beantragten KA. Oftmals werden noch Auflagen erteilt, welche Rohstoffanteile verwendet werden dürfen und welche für die Renaturierung verwendet werden sollen. Mit der Kommune wird dann ein Infrastrukturplan aufgestellt, um öffentliche Wege und Siedlungen vom anfallenden Schwerlastverkehr freizuhalten und um einen geeigneten Standort für den Betrieb zu finden. Nach der eventuellen Absprache mit dem Landesplanungsamt gemäß §14 LaPlaG kann der Abbau dann beginnen (Minister für Wirtschaft, Technik & Verkehr S-H 1994).

Kommunen haben indes nur sehr beschränkte Möglichkeiten, einen KA zu verhindern. Ist ein KA einmal durch ein Vorranggebiet festgeschrieben und von der unteren Naturschutzbehörde genehmigt, steht er relativ sicher. Dank der festen Planungsstrukturen können die Kommunen einem KA, sofern er auf der Grundlage des LROPl vorgesehen ist, fast nicht widersprechen, können ihn allerhöchst modifizieren. Nach LNatSchG steht der Kommune hierzu keine planerische Handhabe zur Verfügung. Gemäß LROPl und BauGB §1 Abs. 5 können sie einem KA nur dann widersprechen, wenn sie für die in Frage kommende Fläche konkrete andere Nutzungen vorsehen. Da dies aber rechtlich äußerst schwierig zu beweisen ist, weisen „gefährdete" Gemeinden im kommunalen Flächennutzungsplan sofort nach Feststellung eines Vorranggebietes selbstständig Gebiete für einen KA aus. Diese werden dann beim Genehmigungsverfahren der unteren Naturschutzbehörde weitgehend berücksichtigt und andere an sich im Vorranggebiet liegende Flächen außen vor gelassen. Prinzipiell kann eine Kommune einen KA nicht oder nur mit größter Mühe verhindern, z.B. indem sie oder ein anderer von der Gemeinde favorisierter Käufer die nötigen finanziellen Mittel aufbringt, und das für den KA vorgesehene Land selbst aufkauft und anderweitiger Nutzung zukommen lässt. Letzteres ist aber sehr schwer zu realisieren. (LA für Naturschutz und Landschaftspflege S-H 1989)

4.   Konsequenzen der Planungs- und Genehmigungspraktiken für den KA

Durch die vielen Regeln und Verordnungen des LROPl, des LNatSchG und des BauGB sind viele Nutzungskonflikte im Zusammenhang mit dem KA von vornherein entschärft. Gleichzeitig wird durch die Landesplanung gewährleistet, dass alle Zweckbestimmungen gemäß ihrer ökologischen und volkswirtschaftlichen Bedeutung in Standortfragen nahezu gleichberechtigt behandelt werden. Alle eventuellen Nutzer des Landes werden sich vor einer Standortentscheidung im LROPl erkundigen, um Planungs- oder Nutzungskonflikte im Voraus zu verhindern oder zu minimieren. Da der LROPl und alle anderen raumordnenden Pläne der untergeordneten Ebenen verbindlich gelten, ist es im Übrigen sehr aufwendig, gegen solche anzugehen bzw. eine Ausnahmeregelung zu bekommen bzw. Pläne gar umschreiben zu lassen, sprich einer anderen Nutzung Bedeutung, Vorrang oder schlicht Duldung zukommen zu lassen. Bezüglich des AOR bedeutet dies, dass der AOR trotz der relativ starken, ihm gegenüberstehenden Lobby einen berechtigten Platz im Land finden kann, ohne stetig durch Einzelinteressen von Naturschützern, Gemeinden, Bürgerinitiativen, Landwirten, etc verhindert oder beeinträchtigt zu werden; dies wird wie bereites erwähnt jedoch zunehmend schwerer.

Trotz sorgfältiger Planungen und detaillierter Gesetze kommt es mancherorts zu Konflikten mit anderen oder anliegenden Nutzern. Dies liegt auch an der Grundsatzformulierung im LROPl bzgl. der erforderlichen Abwägung zwischen den unterschiedlichen Nutzungsinteressen, die verschiedene Auslegungen erlaubt; je nachdem, welcher Nutzung der zu entscheidende Beamte näher steht, kann ein KA gewährt oder abgelehnt werden; eine „Abwägung" kann schon gemäß Definition des Wortes nicht rein objektiv sein. Wie das Beispiel zeigt, besteht beim Genehmigungsverfahren ein Spielraum. Generell wird aber tendenziell gegen den KA entschieden, da er gegenüber dem Landschafts- und Naturschutz im Genehmigungsverfahren nachrangig einzuordnen ist (Oberverwaltungsgericht Lüneburg 1984; 32/83). Ein Beispiel für einen „zu großen" Genehmigungsspielraum stellt die Schmalsteder Kiesgrube südlich von Flintbek dar:

Hier schützt der letzte Sandertalhang der Eiderrinne selbige vor westlichen Winden und sorgt somit entscheidend für ein wärmeres Mikroklima im Eidertal, was es zur Heimat vieler vom Aussterben bedrohter, Wärme liebender Pflanzen und Tiere macht. Gemäß der Karte des Regionalplans 3 der K.E.R.N Region liegt diese Kiesgrube zum einen in einem Vorranggebiet, zum anderen in einem Vorbehaltsgebiet für Naturschutz; für den KA ist dieser Teil des Abbaugebietes der Unternehmensgruppe Glindemann in keiner Weise verplant. Doch kommen hier außerordentlich wertvolle Kiese vor, sodass man hier nach Abwägung eine Ausnahme gemäß §13a LNatSchG und § 35 Abs. 4 BauGB genehmigt hat; der KA stellt gemäß Definition nur einen temporären Eingriff in die an sich zu schützende Landschaft dar und die hiesigen Lagerstätten sind von überregionaler Bedeutung. Ob hier objektiv abgewogen wurde, ist fragwürdig, die Folgen des KA werden indes auch nach dessen Abschluss sichtbar bleiben, da man hier ganze Sanderberge in einer Mächtigkeit bis zu 20m abgräbt und diese nicht mehr verfüllt werden sollen. Natur und Landschaft werden hier nachhaltig und irreversibel geschädigt (Newig in: Naumann 2005; Eidertalexkursionsbericht). Jedoch haben letztendlich auch hier die Gegner des KA gewonnen; über die bereits genehmigten Abbauflächen hinaus wird es keine weiteren Genehmigungen geben, obwohl noch weitere mächtige, abbaufähige Lagerstätten in diesem Bereich vorhanden sind und diese sogar in einem Vorbehaltsgebiet für den KA westlich von Schmalstede außerhalb eines Landschafts- oder Naturschutzgebietes liegen (Glindemann 2005).

Dieses Beispiel zeigt deutlich, wie die jeweiligen öffentlichen und/oder politischen Strömungen für oder gegen den KA stehen können. Es zeigt die Grenzen der Landesplanung und die Möglichkeiten einer entsprechend starken Lobby auf, das Genehmigungsverfahren zu seinen Gunsten zu entscheiden. Entgegen der Befürchtungen der Betriebe des KA, es würde bald ein Mangel an Kiessanden bestehen (LA für Naturschutz und Landschaftspflege S-H 1989; 37), stammt trotz der harten Auflagen das Gros der pro Jahr ungefähr benötigten 13 Tonnen aus heimischem Abbau; die Vorratssituation in den momentanen Vorranggebieten ist jedoch nur noch für die kommenden 15 Jahre, also mittelfristig, ausreichend (LANU 2005). Sollten die Genehmigungsverfahren indes weiterhin eher gegen einen KA stimmen, droht laut Glindemann schon binnen der nächsten 7-8 Jahre eine regionale Verknappung dieses wichtigen Rohstoffs in SH.

5. Konflikte und Probleme beim Kiesabbau

5.1. Probleme zwischen vom KA betroffenen Anwohnern und den Abbauunternehmen

Der KA ist immer mit einem nicht unerheblichen Maß an Emissionen aller Art verbunden wie Lärm, Staub, Schwerlastverkehr und Abgasen, und darüber hinaus mit Flächenverbrauch. Diese Umstände rufen dann häufig Bürgerinitiativen auf den Plan. Unter dieser inzwischen recht ausgeprägten Protestkultur leidet die Kieswirtschaft zunehmend. So setzen derzeit Einwohner in Wattenbek bei Bordesholm der Kommunalvertretung zu, sich den Transporten aus der Fundstelle Negenharrie über "ihre" Straßen zu widersetzen. Zunächst mit Erfolg. Doch wird sich schließlich gemäß der geltenden Rechtsprechung das geltende (Landes-) Recht durchsetzten. Es stellt sich hier die Frage, welcher langfristige und vor allem volkswirtschaftlich berechtigte Sinn von den Initiatoren dieser Proteste in selbigen gesehen wird, wenn sie letzten Endes einen KA auf gerichtlichen Wege sowieso nicht verhindern können, sondern ihn lediglich zeitlich begrenzt verhindern können bzw. ihn nur durch die Pleite des Abbauunternehmens abwenden können (Buhmann 2005).

5.2. Probleme zwischen der Natur und dem KA

Einerseits werden Flora und Fauna im Abbaugebiet in jedem Fall stark beeinträchtigt bzw. beschädigt, andererseits entsteht aber auch ein komplett neuer Lebensraum. Durch die Bodenentnahme wird die auf und in ihm lebende Fauna und Flora komplett zerstört. Der KA wirkt sich ebenfalls negativ auf die Umgebung der Grube aus. Generell beeinträchtigt ein KA immer den Grundwasserhaushalt, da beispielsweise durch ein Absenken des Grundwasserpegels in der Regel auch die Pegel der umliegenden Stand- und Fließgewässer abgesenkt werden. Hier gilt es also entsprechende wasserbauliche Maßnahmen zu ergreifen, um ein Absickern des Gewässers zu verhindern, was selbstredend fatale Auswirkungen auf die Flora und Fauna selbiger hätte.

Jedoch entstehen auch neue Lebensräume, wie z.B. in den Grubenwänden Höhlennistplätze für Uferschwalben. Sie sind sogar auf den laufenden KA angewiesen, da erodierende Kräfte die steilen Grubenwände sonst wieder abflachen ließen. Die vielen Pfützen in einer Grube bieten zahlreichen Amphibien einen Laichplatz und auf dem Abraum kommen Trockenheit liebende Pflanzen zum Zuge, die sonst in jener Gegend oftmals nicht anzutreffen wären. Heutzutage lassen entsprechende Renaturierungsmaßnahmen die Natur als „Gewinner" aus der Sache heraustreten, da die renaturierten Bereiche oftmals ökologisch wertvoller sind, als sie es vor dem KA beispielsweise als landwirtschaftliche Nutzfläche waren. Im Übrigen schafft ein KA in der Regel eine sehr karge, nährstoffarme Landschaft, die heutzutage selten gewordenen Arten oftmals als Refugium dient. Der sichtbare Nachteil für ein Gros der Arten verwandelt sich bei näherem Betrachten also in eine Reihe von Vorteilen für einige andere Arten.

6. Die Nutzung der Gruben nach abgeschlossenem Abbau

6.1. Nachnutzungen der ausgebeuteten Kiesgruben bis Anfang der Neunziger

Bis in die frühen 1990er hinein war es üblich, die ausgebeuteten Gruben wieder zu verfüllen, um die Flächen ihrer ursprünglichen Nutzung zuzuführen. Die abgeräumte Deckschicht, oftmals fruchtbare Böden wie Muttererde, wurden wieder auf die verfüllte Grube aufgebracht, sodass man wieder Forst- und Landwirtschaft betreiben konnte. In einigen Fällen wurden die Gruben nach Ausbeutung in ihrem Zustand der Natur überlassen; im Gegensatz zu den heutigen Tendenzen wurden damals aber keinerlei Maßnahmen zum Schutze der so neu entstanden Feucht- oder Trockenbiotope ergriffen. Nassabbaggerungen wurden wie heute häufig als Fischteiche oder Freizeitanlagen, z.B. für Wasserski oder Badeseen, weiterverwendet. Beispiele hierfür sind die Wasserskianlage von Süsel, sowie die Badeseen von Weddelbrook und Leer, die die in einer alten Kiesgrube angelegt wurden. Vielerorts wurden und werden die ausgebeuteten Gruben als (Sonder-)Mülldeponien verwendet. Die Haus- und Sondermülldeponien für Kiel, Schönwohld und am Rastorfer Kreuz sind ebenfalls ehemalige Kiessandgruben, die mit Tonen abgedichtet wurden. Waren die Deponien wiederum voll, deckte man sie ab und verkaufte diese oftmals als billiges Bauland oder verpachtete es als Kleingartengelände, wie man es z.B. in Kiel- Elmschenhagen hinter der Kreuzung Ellerbeker Weg/Tröndelweg machte. Heute stehen hier Wohnhäuser im Plattenbaustil, dahinter erstrecken sich weite Kleingartenanlagen. Normal verfüllte Gruben waren selbstverständlich ebenso für den Siedlungsbau vorgesehen.

6.2. Heutige Konzepte zur Nachnutzung der ausgebeuteten Kiesgruben

Als Deponien werden alte Gruben wegen der heutigen Möglichkeiten einer umweltfreundlicheren (Sonder-)Müllverbrennung nur noch selten weiterverwendet, eher würden vorhandene Deponien ausgebaut. Der Forst- und Landwirtschaft werden die ihr einst abgenommenen Flächen nur noch selten für dieselbe Nutzung wiedergegeben. Wie auch schon früher haben Siedlungsbau (auf einfach verfüllten Gruben), Teichwirtschaft und Naherholung/Tourismus weiterhin eine große Bedeutung in der Folgenutzung von Rohstoffentnahmestellen.

Dank der Regierungsübernahme durch die SPD und spätestens seit der rot-grünen Landesregierung in SH (bis 2005) hat die gesamte Nachnutzung von Rohstoffentnahmestellen ökologischere Züge angenommen. Die ausgebeuteten Gruben müssen inzwischen wieder in die umgebende Landschaft eingefügt werden. Dies bedeutet, dass entsprechende Anpflanzungen, ggf. die Errichtung von Knickanlagen und schließlich die Modellierung der Oberfläche naturnah zu geschehen haben. Dies ist allerdings nur der Fall, wenn beschlossen wird, die Grube wieder zu verfüllen. In der Regel werden die Gruben heutzutage aufgelassen, da sich in den nährstoffarmen Böden hier ökologisch besonders wertvolle Artengemeinschaften ansiedeln. Die entstandenen Teiche werden nur noch partiell und nach eingehender Prüfung für Erholungszwecke genutzt. Vielmehr nutzt man die dank des Fehlens von Zu- und Abflüssen außerordentlich gute Wassergüte dieser Stehgewässer, um hier Refugien beispielsweise für Otter

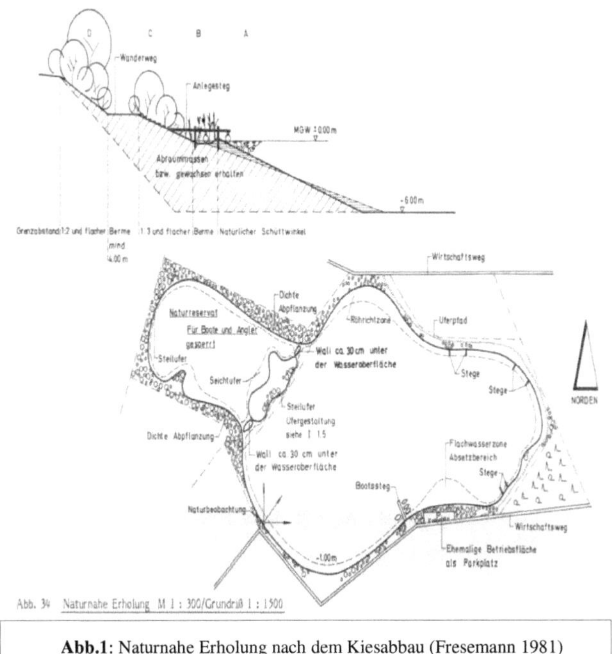

Abb.1: Naturnahe Erholung nach dem Kiesabbau (Fresemann 1981)

und Biber entstehen zu lassen, wie es bei Ratzeburg der Fall ist. Um diese wertvollen Feuchtbiotope zu schützen, ergreift man entsprechende wasserbauliche Maßnahmen wie Dämme, wasserundurchlässige Tonschichten oder umleitende Abwassersysteme, die die Feuchtbiotope z.B. in Form von Gräben vor Einträgen aus angrenzenden Nutzungen wie Siedlungsflächen oder Landwirtschaft bewahren. Obige Abbildung 1 zeigt ein Modellbeispiel für eine unter ökologischen Gesichtspunkten geplante Folgenutzung einer Kiesgrube.

Mit ähnlichen Maßnahmen sichert man die neu entstandenen Trockenbiotope. Die Nährstoffarmut ist hier eine wichtige Eigenschaft des Bodens, weswegen er vor den Schad- und Nährstoffeinträgen der Nachbarn mithilfe von Dämmen und anderen Abdichtungsmaterialien wie Tonen besonders geschützt wird. Jagen und Sammeln ist hier außer zur Regulierung des Tierbestandes verboten. Zur Erhaltung des so gewonnenen ökologischen Kleinods, z.B. einer neu geschaffenen Heidelandschaft, ist es jedoch unabdingbar, dass eine extensive landwirtschaftliche Nutzung, hier in Form von Beweidung, betrieben wird. Ein Beispiel aus Gelting ist die Gämmerler Kiesgrube. Die ausgebeuteten Grubenbereiche werden wieder verfüllt und als Gewerbegebiet genutzt, wobei es trotzdem „hervorragend gestaltet und eingegrünt" ist. Für die Grube wurde ein zielstrebiger Plan durchgesetzt, nachdem jede vom Abbau in Mitleidenschaft gezogene Fläche eine volkswirtschaftlich sinnvolle Nachnutzung erfährt. Der Flächenverbrauch wurde so halbiert, da das neu entstehende Gewerbegebiet auf schon „verbrauchtem Boden" errichtet wird (Dingethal et al. 1998; 286). Generell wird den aufgelassenen Gruben also große Aufmerksamkeit gewidmet, da sie einen entscheidenden Beitrag zu mehr Wildnis oder zumindest mehr naturnahen Raum in S-H leisten und so unsere Kulturlandschaft in erheblichem Maße bereichern.

D) Fazit

Wie aus der Arbeit hervorgeht, sind die Begriffe Landesplanung bzw. Raumplanung generell und Landschaftsplanung eng miteinander verzahnt. Das tägliche Leben wird von den beschriebenen Instrumenten und Regelungen jederzeit bestimmt, da wir uns in der BRD alle letztendlich in einem geplanten Raum befinden; jeder qm in der BRD ist einer bestimmten (theoretischen) Nutzung zugeschrieben. Die Planung generell wirkt sich neben der Zukunft also auch in besonderem Maße auf die Gegenwart aus. Im Letzten Abschnitt wurde detailliert auf ein Fallbeispiel eingegangen, was auf anschauliche Art verdeutlicht, wie sich die Bestimmungen und Instrumente der staatlichen Raumplanung auf ein bestimmtes Nutzungsinteresse auswirkt bzw. zu welchen Kollisionen es mit konkurrierenden Nutzungsansprüchen es kommen kann. Gleichzeitig wird anhand der gesamten Arbeit schlüssig gezeigt, warum eine nachhaltige und wohl überlegte Raumplanung von eminenter Wichtigkeit ist, insbesondere in einem so dicht besiedelten Staat wie der BRD, wo auf relativ engem Raum die verschiedenen Nutzungsansprüche einer modernen und sich ständig verändernden Gesellschaft in gleichberechtigtem Maße zu akzeptieren und zu verwirklichen sind. Die Raumplanung nimmt einen berechtigt hohen Stellenwert in der staatlichen Lenkung des täglichen Lebens der Bürger ein, und das zu Recht.

Bibliographie

ARL (1991): Zur geschichtlichen Entwicklung der Raumordnung, Landes- und Regionalplanung, Band 182 der Forsch.-u. Sitz.-Berichte, Hannover

Buhmann (2005): Der Gesetzgeber hat der Kieswirtschaft eine Grube gebaut: Doch wer fällt hinein?, Kiel

Bundesministerium für Naturschutz URL: www.bfn.de

Cholewa, Dyong, von der Heide (1989): Raumordnung in Bund und Ländern, Band 1: Kommentar, 2. Auflage, Kohlhammer Verlag, Stuttgart, Berlin, Köln

Diercke Weltatlas (1996): 4. Auflage, Westermann Verlag, Braunschweig, S. 66

Dingethal et al. (1998): Kiesgrube und Landschaft, Donauwörth

Evers, H.-U., (1973): Das Recht der Raumordnung, Goldmann Verlag, München

Fresemann (1981): Zur ökologischen Herrichtung von Sand- und Kiesgruben in Schleswig-Holstein, Kiel

Glindemann (2006): Befragung durch Bastian Naumann, Flintbek

Innenministerium des Landes Schleswig-Holstein – Abteilung Landesplanung (2003): Ein Land plant und gestaltet seine Zukunft, Kiel

Landesamt für Naturschutz und Landschaftspflege Schleswig-Holstein (1989): Bodenabbau – Genehmigungsverfahren und Rechtsprechung, Kiel

Landesamt für Natur- und Umweltschutz LANU - Abteilung Geologie und Boden (2006): Befragung durch Bastian Naumann

Langhagen- Rohrbach, C. (2005): Raumordnung und Raumplanung, Wissenschaftliche Buchgesellschaft, Darmstadt

Minister für Wirtschaft, Technik & Verkehr des Landes Schleswig-Holstein (1994): Rohstoffe in Schleswig-Holstein, Kiel

Ministerin für Natur und Umwelt des Landes Schleswig-Holstein (1995): Ziele und Strategien des Bodenschutzes in Schleswig-Holstein, Kiel

Ministerpräsidentin des Landes Schleswig-Holstein Staatskanzlei – Abteilung Landesplanung (1998): Landesraumordnungsplan Schleswig-Holstein, Kiel

Naumann, B. (2005): Eidertalexkursionsbericht, Kiel

Oberverwaltungsgericht Lüneburg, Urteil vom 19.07.1984 – 3 OVG A32/83, Lüneburg 1984

Priebs, A. (2005): Raumordnung und Raumentwicklung als Zukunftsaufgabe. In: Geographische Rundschau 57 (3). S. 4- 9

Wohlrab et al. (1995): Oberflächennahe Rohstoffe – Abbau, Rekultivierung, Folgenutzung, Stuttgart

www.bayern.de/lfu/natur/veroeffentlichungen/lfu_33.pdf

www.gesetze-im-internet.de/bnatschg_2002/__13.html

Institut für Wasserversorgung und Grundwasserschutz, Abwassertechnik, Abfalltechnik, Industrielle Stoffkreisläufe, Umwelt- und Raumplanung URL: www.iwar.bauing.tu-darmstadt.de/lehre/deutsch/warstundenplan.htm (14. 05.2006)

www.landesregierung.schleswig-holstein.de

Naturschutzbund Deutschland e.V. URL: www.nabu.de

Netzwerk Stadt und Landschaft (NSL) URL: www.nsl.ethz.ch/index.php/ en/content/download/187/983/file (13.05.2006)

Niederschrift über die Sitzung der Gemeindevertretung Warder am 3. August 2000,
URL: www.amt-nortorf-land.de/warder.html